第2届建筑类多媒体课件大赛获奖作品系列

建筑装饰材料

中国建设教育协会　组织
谢复兴　编制

中国建筑工业出版社

第 2 届建筑类多媒体课件大赛获奖作品系列
建筑装饰材料
中国建设教育协会　组织
谢复兴　　　　　编制
*

中国建筑工业出版社出版、发行（北京西郊百万庄）
各地新华书店、建筑书店经销
北京嘉泰利德公司制版
北京方嘉彩色印刷有限责任公司印刷
*

开本：787×1092 毫米　1/32　印张：3/8　字数：10 千字
2009 年 6 月第一版　　2009 年 6 月第一次印刷
定价：**98.00** 元
ISBN 978-7-89475-070-9
　　　（17269）

版权所有　翻印必究
如有印装质量问题，可寄本社退换
（邮政编码 100037）

建筑装饰材料

以下为《建筑装饰材料》多媒体课件的演示简介：

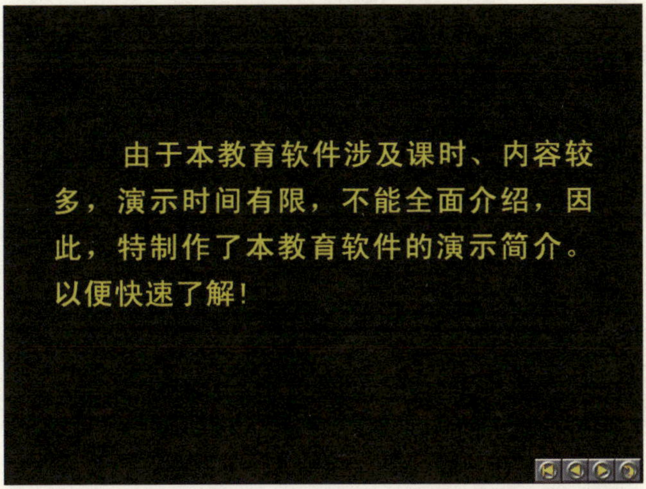

> 由于本教育软件涉及课时、内容较多，演示时间有限，不能全面介绍，因此，特制作了本教育软件的演示简介。以便快速了解！

图1

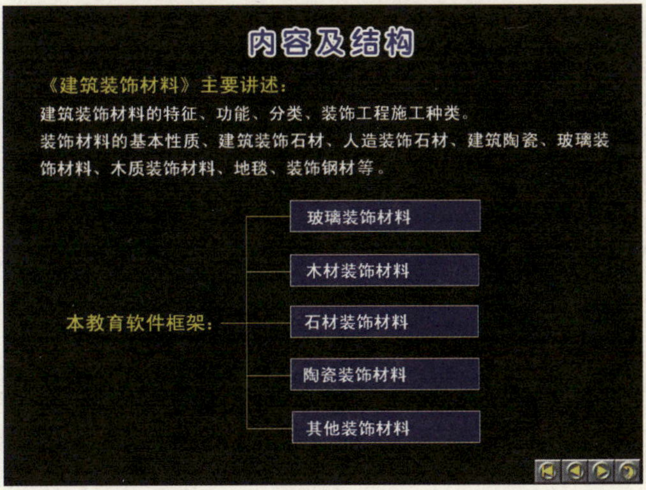

内容及结构

《建筑装饰材料》主要讲述：
建筑装饰材料的特征、功能、分类、装饰工程施工种类。装饰材料的基本性质、建筑装饰石材、人造装饰石材、建筑陶瓷、玻璃装饰材料、木质装饰材料、地毯、装饰钢材等。

本教育软件框架：
- 玻璃装饰材料
- 木材装饰材料
- 石材装饰材料
- 陶瓷装饰材料
- 其他装饰材料

图2

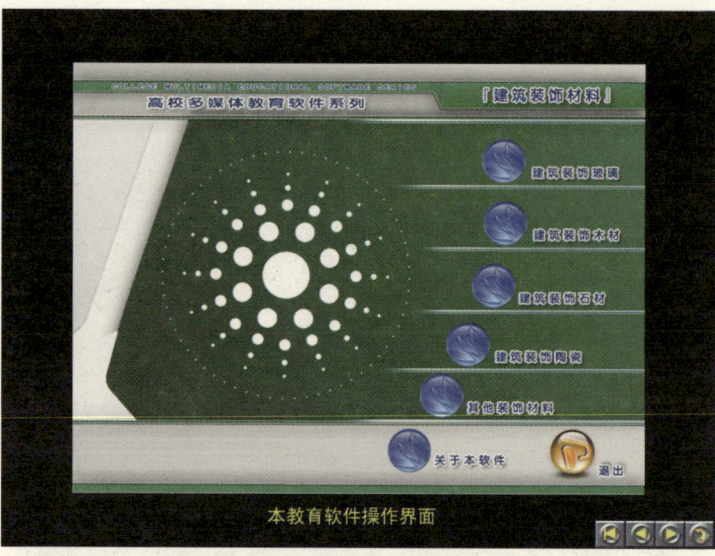

COLLEGE MULTIMEDIA EDUCATIONAL SOFTWARE SERIES
高校多媒体教育软件系列
『建筑装饰材料』
建筑装饰玻璃
建筑装饰木材
建筑装饰石材
建筑装饰陶瓷
其他装饰材料
关于本软件
退出
本教育软件操作界面

图3

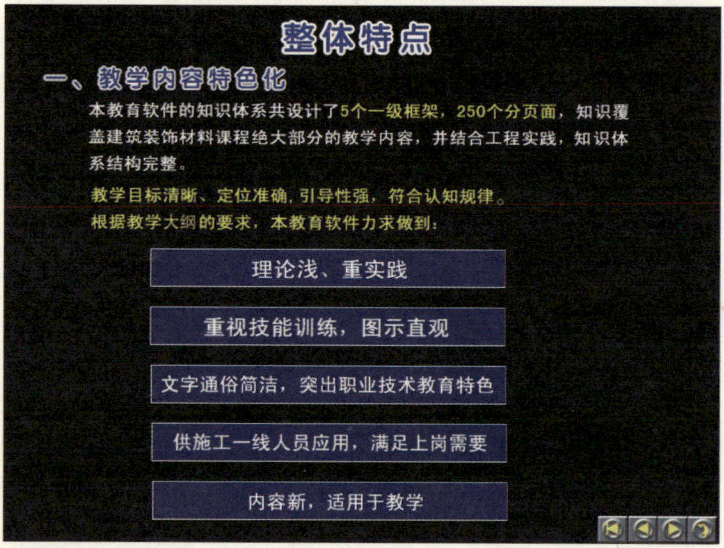

整体特点
一、教学内容特色化
本教育软件的知识体系共设计了5个一级框架，250个分页面，知识覆盖建筑装饰材料课程绝大部分的教学内容，并结合工程实践，知识体系结构完整。
教学目标清晰、定位准确，引导性强，符合认知规律。
根据教学大纲的要求，本教育软件力求做到：
理论浅、重实践
重视技能训练，图示直观
文字通俗简洁，突出职业技术教育特色
供施工一线人员应用，满足上岗需要
内容新，适用于教学

图4

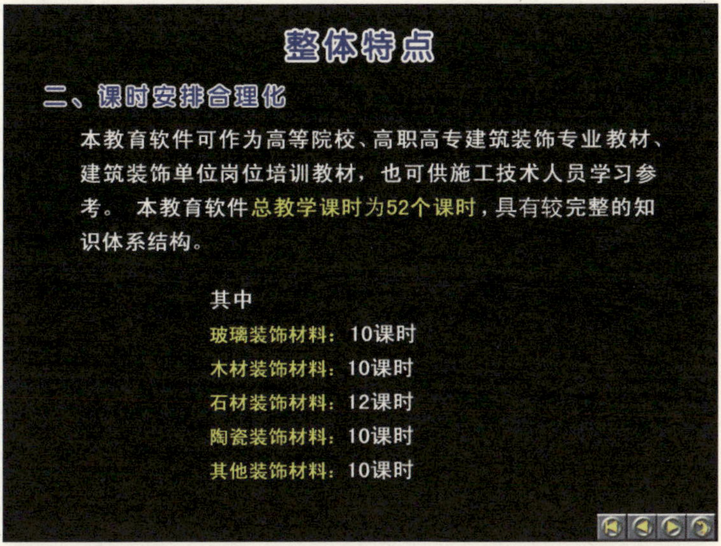

整体特点

二、课时安排合理化

本教育软件可作为高等院校、高职高专建筑装饰专业教材、建筑装饰单位岗位培训教材,也可供施工技术人员学习参考。 本教育软件总教学课时为52个课时,具有较完整的知识体系结构。

其中
玻璃装饰材料:10课时
木材装饰材料:10课时
石材装饰材料:12课时
陶瓷装饰材料:10课时
其他装饰材料:10课时

图 5

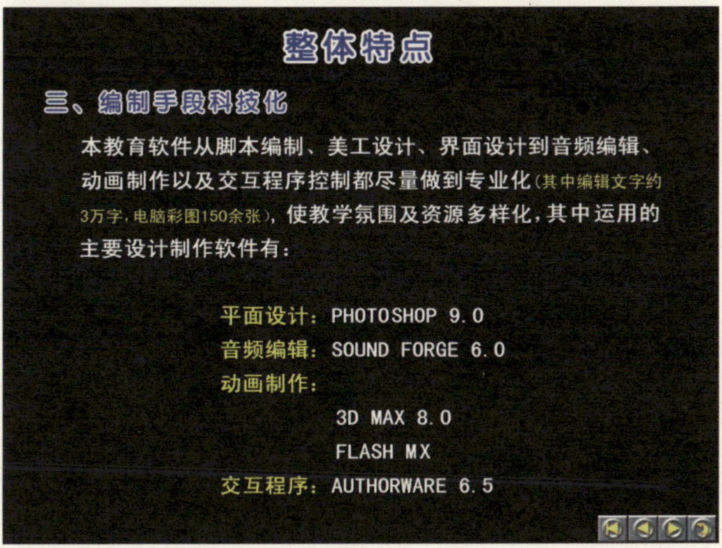

整体特点

三、编制手段科技化

本教育软件从脚本编制、美工设计、界面设计到音频编辑、动画制作以及交互程序控制都尽量做到专业化(其中编辑文字约3万字,电脑彩图150余张),使教学氛围及资源多样化,其中运用的主要设计制作软件有:

平面设计:PHOTOSHOP 9.0
音频编辑:SOUND FORGE 6.0
动画制作:
    3D MAX 8.0
    FLASH MX
交互程序:AUTHORWARE 6.5

图 6

整体特点

四、特色技术

本教育软件制作了活动的电子教鞭,您在屏幕上任意地方左键点击,电子教鞭就会停留在那个地方,达到教学"讲哪里,就点哪里",大大方便了教师对软件的控制。

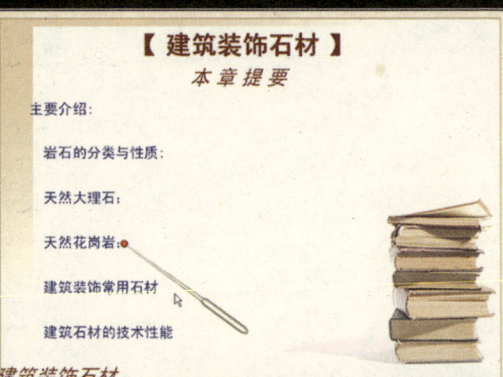

图 7

整体特点

四、特色技术

本教育软件制作了活动的电子教鞭,您在屏幕上任意地方左键点击,电子教鞭就会停留在那个地方,达到教学"讲哪里,就点哪里",大大方便了教师对软件的控制。

图 8

图 9

图 10

高校多媒体教育软件系列
『建筑装饰材料』
建筑装饰玻璃
建筑装饰木材
建筑装饰石材
建筑装饰陶瓷
其他装饰材料
关于本软件
退出
四、特色技术
本教育软件界面设计布局合理，在整体风格统一、导航的清晰简捷性及色彩搭配和视觉心理上经过仔细推敲，设计了5个一级框架，250个分页面。
整体风格、导航及框架控制演示

图 11

运行环境

硬件环境：

本教育软件对系统没有太高的硬件要求，建议CPU频率在300MHz以上，内存在128MB以上，显卡支持1024×768 16BIT色深，系统需要计算机处理较复杂的视音频数据，建议用户最好不要采用集成（较低档）的主板，避免有些图像和声音效果不佳。

软件环境（操作系统）：

本教育软件适用Windows98/Me、Windows2000/2003、Windows XP各操作系统，经过广泛测试，容错能力极强。

图 12

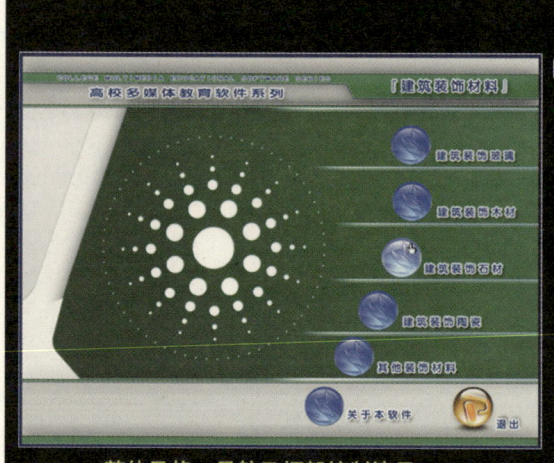

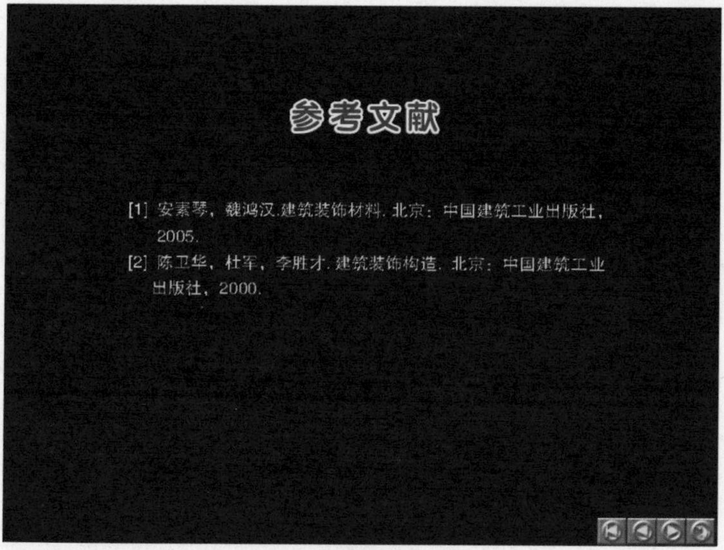

参考文献

[1] 安素琴,魏鸿汉.建筑装饰材料.北京:中国建筑工业出版社,2005.
[2] 陈卫华,杜军,李胜才.建筑装饰构造.北京:中国建筑工业出版社,2000.

图 13